MARCOS RAMON DA SILVA

MOTORES AUTOMOTIVOS COM HIDROGÊNIO

FUNDAMENTOS & APLICAÇÕES

Destinado à: Engenheiros, Mecânicos e Entusiastas

Buscai o Senhor Deus enquanto é possível achá-lo, invocai-o enquanto está perto! (Isaías 55:6)

MARCOS RAMON DA SILVA

Especialista em Motores

ATENÇÃO: Qualquer dado técnico ou orientação técnica comentada ou apresentada aqui neste livro não pode e não deve substituir o manual com as orientações dos fabricantes de automóveis ou as orientações da autoridade homologadora. Não use este material como manual de serviço. Ele é apenas para enriquecer o seu aprendizado e será atualizado apenas eventualmente.

Sumário

PREFÁCIO **6**
SEGURANÇA..**9**
Introdução **12**
   A História dos Carros a Hidrogênio 12
   Uma Jornada de Séculos 12
   Os Pioneiros: 12
   Por que os carros a hidrogênio não são populares? 15
   Carros a hidrogênio têm potencial 20
   Hidrogênio em Automóveis..21
   Mas por que essa tecnologia ainda não decolou?..........22
   O futuro do hidrogênio nos automóveis 24
   Vantagens dos Carros a Hidrogênio................................27
CAPÍTULO 1..**29**
   Células de Combustível...29
   O que é uma célula de combustível?..............................29
   Como funciona?...29
   Tipos de Células de Combustível: 30
   Vantagens das Células de Combustível: 31
   Tipos de Células de Combustível: 33
   Comparação entre células de combustível:....................37
   Fatores que influenciam a escolha da célula: 37
   Custo de Fabricação e Operação 39
   Fatores que afetam o custo: 40

Temperatura de Operação 41
Avanços Recentes e Tendências 44
Aplicações Específicas..45
A escolha depende da aplicação: 46
Desafios e Perspectivas Futuras.....................................47
Descarbonização da Economia..49
As Principais Empresas Envolvidas................................51
Políticas Públicas...52
Desafios e Perspectivas Futuras.....................................54
Principais Obstáculos 55
Comparação entre Carros 59
Qual escolher? 63
Produção do Hidrogênio 65
Empresas Líderes..70
Hidrogênio vs. Álcool..75
Comparação entre Hidrogênio e Álcool 78
CAPÍTULO 2...81
Hidrogênio no Automóvel 81
Rumo à Autossuficiência Energética Veicular 81
Produção de Hidrogênio em automóveis.......................83
Quanto de hidrogênio eu preciso?..................................85
Por que não dá para funcionar o carro apenas com hidrogênio? 86
O carro a hidrogênio sempre vai funcionar junto com outro combustível? 87

Quanto de energia eu vou usar para gerar hidrogênio e quanto eu vou gastar? 88

O que diz os construtores de kits de hidrogênio: 89

Por que não deu certo até hoje? 91

CAPÍTULO 3 95

O Motor do Automóvel 95

Octanagem: Padrão de Combustão para Motores Otto ...95

O Hidrogênio e a Octanagem 97

Tipos de hidrogênio 99

Quanta água é necessária para produzir o HHO? 101

Fatos sobre a água: 102

Energia na Água 104

Por que chegou a hora para essa tecnologia? 105

A mudança é inevitável 107

CAPÍTULO 4 112

Produção On-Board de Hidrogênio 112

Generalidades 112

É recomendado construir um conversor de hidrogênio em casa? 113

Alternativas mais seguras e eficientes: 115

Uma aplicação curiosa do hidrogênio 116

O que são radicais livres? 117

Benefícios da Água Hidrogenada para a Saúde 117

Como a água fica hidrogenada? 118

Onde encontrar água hidrogenada? 119

É seguro consumir água hidrogenada?.........................119
Conclusão..**121**

PREFÁCIO

No cenário contemporâneo da busca incessante por soluções de mobilidade sustentável, a tecnologia de células de combustível alimentadas por hidrogênio emerge como uma alternativa promissora para impulsionar veículos automotores. No entanto, apesar do entusiasmo em torno dessa inovação, diversos desafios persistem, lançando sombras sobre sua viabilidade imediata.

O hidrogênio, conhecido por sua abundância e potencial como vetor energético limpo, tem sido explorado como combustível para automóveis, vislumbrando uma revolução na indústria automotiva. No entanto, para que essa visão se concretize, é crucial entender e superar os desafios intrínsecos associados a essa tecnologia.

Entre os principais desafios encontrados, destaca-se a infraestrutura de abastecimento. A escassez de estações de recarga de hidrogênio representa um obstáculo significativo, limitando a adoção em larga escala. Além disso, o custo elevado tanto na produção quanto no armazenamento do hidrogênio é um entrave importante que requer soluções inovadoras.

A eficiência energética também figura como ponto de discussão, uma vez que a produção, o transporte e a conversão do hidrogênio em eletricidade para movimentar veículos envolvem perdas consideráveis de energia. Essa ineficiência, aliada aos desafios logísticos, contribui para a hesitação na adoção generalizada.

Apesar desses desafios, é imperativo reconhecer o potencial transformador da tecnologia de células de combustível. Avanços contínuos na pesquisa e desenvolvimento, aliados a investimentos significativos, têm o potencial de superar as barreiras atuais.

Ao longo deste livro, exploraremos em detalhes as complexidades da aplicação do hidrogênio em automóveis, analisando não apenas os desafios, mas também as perspectivas otimistas que essa tecnologia promissora oferece para um futuro mais sustentável na mobilidade.

Marcos Ramon da Silva
23-dez-2024

SEGURANÇA

A segurança pessoal nas operações com produção de hidrogênio é uma prioridade absoluta, dada a natureza complexa e, por vezes, desafiadora desse tipo de combustível. O técnico deve estar ciente dos procedimentos de segurança e adotar medidas para minimizar os riscos. Aqui estão algumas considerações essenciais para garantir a segurança pessoal na produção de hidrogênio:

Uso de Equipamentos de Proteção Individual (EPIs): Usar EPIs apropriados, como capacetes, avental, óculos de proteção. O uso de EPIs ajuda a proteger contra ferimentos em caso de fogo, explosão ou inalação do gás.

Treinamento em Emergências: Os técnicos devem ser treinados em procedimentos de emergência, como evacuação rápida, trilhas de evacuação e ponto de encontro situações críticas.

Gerenciamento de Riscos: Identificar, avaliar e mitigar os riscos envolvidos em cada procedimento é fundamental. Isso pode incluir avaliação das condições trabalho, ferramentais, complexidade de produção e outros fatores.

Comunicação Eficaz: Estabelecer canais de comunicação claros e eficazes entre os membros da equipe, bem como com autoridades do corpo de bombeiro, é vital para garantir a segurança durante todo o processo.

Consciência Situacional: Todos que trabalham com produção de hidrogênio devem manter a consciência situacional e estar cientes da localização das saídas de emergência e equipamentos de segurança. Isso ajuda a agir de forma eficaz em caso de emergência.

Comportamento no laboratório: Os técnicos devem manter um comportamento adequado durante os trabalhos práticos no laboratório, evitando distrações, respeitando as normas de segurança e etiqueta.

Lembrando que a segurança pessoal nos procedimentos de produção requer cooperação e atenção constante de todos os presentes. Ao seguir os procedimentos e diretrizes de segurança, é possível minimizar os riscos e desfrutar de uma experiência segura e tranquila ao trabalhar com veículos ou estações fixas de energia.

Este livro será atualizado eventualmente e em qualquer situação, poderá não corresponder às últimas atualizações tecnológicas e os documentos citados pelo autor.

Introdução
A História dos Carros a Hidrogênio

Uma Jornada de Séculos

A ideia de utilizar hidrogênio como combustível para veículos não é recente. A busca por alternativas aos combustíveis fósseis e a necessidade de fontes de energia mais limpas impulsionaram o desenvolvimento dessa tecnologia ao longo dos séculos.

Os Pioneiros:

- **1806: O Motor de Rivaz:** O francês François Isaac de Rivaz construiu o primeiro motor de combustão interna a funcionar com hidrogênio e oxigênio. Embora fosse um protótipo rudimentar, marcou o início das pesquisas sobre a propulsão de veículos a hidrogênio.

François Isaac de Rivaz's

1860: O Hippomobile de Lenoir: O belga Jean Joseph Étienne Lenoir desenvolveu o Hippomobile, um veículo equipado com um motor de combustão interna movido a hidrogênio. Este foi um dos primeiros automóveis a utilizar essa tecnologia.

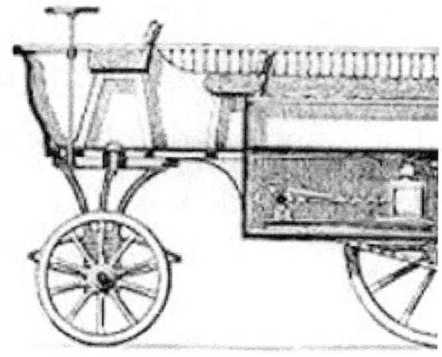

Jean Joseph Étienne Lenoir's Hippomobile

Século XX: Novas Tentativas e Avanços:

- **Década de 1970:** Com a crise do petróleo, o interesse em fontes de energia alternativas, como o hidrogênio, foi reavivado. Diversas empresas e pesquisadores trabalharam no desenvolvimento de veículos a hidrogênio, mas os desafios tecnológicos e econômicos limitaram a comercialização em larga escala.

- **Década de 1990 em diante:** A preocupação com as emissões de gases do efeito estufa e a busca por fontes de energia mais limpas impulsionaram novas pesquisas e investimentos no desenvolvimento de veículos a hidrogênio. Empresas como Toyota, Honda e Hyundai lideraram o desenvolvimento de protótipos e, posteriormente, de modelos comerciais.

Como funciona um carro a hidrogênio?

Em um carro a hidrogênio, o hidrogênio armazenado em tanques é combinado com oxigênio do ar em uma célula de combustível. Essa reação química gera eletricidade, que por sua vez alimenta um motor elétrico. O único subproduto dessa reação é a água, o que torna essa tecnologia extremamente limpa.

Por que os carros a hidrogênio não são populares?

- **Infraestrutura:** A falta de uma rede de abastecimento de hidrogênio é um dos principais desafios.
- **Custo:** A produção de hidrogênio verde e a construção de veículos a hidrogênio ainda são mais caras do que os veículos a combustão interna ou elétricos a bateria.
- **Autonomia:** Embora a autonomia dos veículos a hidrogênio tenha aumentado significativamente, ainda pode ser inferior à de alguns veículos elétricos.

Podemos afirmar que o carro a hidrogênio nada mais é do que um carro elétrico com um cilindro de hidrogênio. De forma simplista, esta afirmação está correta. No entanto, há diversos desenvolvimentos tecnológicos por trás disso, na chamada célula de combustível, componente responsável em transformar o hidrogênio em eletricidade, e no próprio cilindro de armazenamento do hidrogênio.

O hidrogênio é um gás, que sob alta pressão e baixíssima temperatura se transforma em líquido e pode ser armazenado em cilindros. A vantagem de se usar hidrogênio como combustível para o carro elétrico é evidente: agilidade no abastecimento e eliminação parcial ou total das baterias.

Mas, existem desafios a serem vencidos. Desafios enormes. O primeiro é o armazenamento do hidrogênio, que é um gás extremamente explosivo, tanto que é utilizado como combustível para foguetes, quando queimado juntamente com oxigênio. A temperatura para virar líquido é de -240° C, algo surreal para se ter no porta-malas do carro.

A tecnologia está em desenvolvimento, com adição de compostos químicos que mantêm e liberam o hidrogênio com segurança. O próximo passo é transformar o hidrogênio em eletricidade. É aí que entram as células de combustível. Tendo como principal catalisador a platina, elemento extremamente raro e caro, para separar prótons e elétrons das moléculas de hidrogênio, as células de combustível são caríssimas.

Mais uma vez a ciência tem como missão encontra um substituto à platina, mais barato, produzido em laboratório, para reduzir os custos das células de combustível. Já existem estudos para utilizar um catalisador de ferro-nitrogênio-carbono. Há ainda outro desafio: a durabilidade da célula de combustível, que tende a se degradar rapidamente. Uma alternativa em estudo é o uso de nanotecnologia, com nanopartículas de óxido de tântalo-titânio. A adição desse elemento tende a reduzir a corrosão e degradação da célula de combustível, tornando-a viável, com aumento da autonomia do veículo.

O terceiro grande desafio do carro a hidrogênio é produzir o hidrogênio. Como ele é mais leve, flutua e se dissipa facilmente na atmosfera. No tempo dos dirigíveis, o hidrogênio era utilizado como gás para inflar os balões, mas, por ser extremamente inflamável, deixou de ser usado após a tragédia do Hindenburg, em 1937, que explodiu ao tentar atracar, após uma viagem transatlântica, matando 36 pessoas.

Mas, o hidrogênio está presente em abundância na água que tem 2 moléculas de hidrogênio e uma de oxigênio (H_2O), no gás natural, no gás liquefeito de petróleo, e nas biomassas (como etanol). O problema é como extrair o hidrogênio delas. O processo de eletrólise, a separação do hidrogênio do oxigênio da água, consome muita energia.

Outras formas são com uso de pirólise (ruptura da estrutura molecular original de um determinado composto pela ação do calor de altas temperaturas em um ambiente com pouco ou nenhum oxigênio), ou usinas termoquímicas. No entanto, são técnicas extremamente caras.

Atualmente, o método mais em conta de se obter hidrogênio é pela reforma de metanol por vapor, a partir do gás natural. Cerca de metade do hidrogênio produzido no mundo é feito assim. O processo consiste em aquecer o gás entre 700 e 1.100°C na presença de vapor e um catalisador de níquel.

Fato é que não é barato produzir, transportar e armazenar o hidrogênio. E, diante desses desafios, a pergunta que fica é: será que realmente vale a pena? Para muitos cientistas, a resposta é sim, uma vez que após dominadas as técnicas, o hidrogênio torna-se um combustível muito viável, não somente para automóveis assim como para diversos outros segmentos que demandam energia limpa.

Carros a hidrogênio têm potencial

Apesar dos desafios, as perspectivas para os carros a hidrogênio são promissoras. Com o avanço da tecnologia, a redução dos custos e o aumento da conscientização ambiental, espera-se que os veículos a hidrogênio se tornem uma opção cada vez mais popular nos próximos anos.

A ideia de utilizar hidrogênio como combustível para veículos remonta ao século XIX. Embora tenha enfrentado diversos desafios ao longo dos anos, a tecnologia dos carros a hidrogênio tem evoluído significativamente e apresenta um grande potencial para um futuro mais sustentável. Com o desenvolvimento de novas tecnologias e políticas públicas que incentivem a produção e o uso de hidrogênio verde, os carros a hidrogênio podem se tornar uma realidade cada vez mais presente em nossas vidas.

Hidrogênio em Automóveis

Promessa e Desafios

O hidrogênio tem sido apontado como uma das grandes promessas para a mobilidade sustentável, com o potencial de revolucionar a indústria automotiva. A ideia é simples: em vez de queimar combustíveis fósseis, os carros utilizariam células de combustível que combinam hidrogênio e oxigênio para gerar eletricidade, emitindo apenas água como subproduto.

Por que o hidrogênio é tão promissor?

- **Alta eficiência:** A conversão de hidrogênio em energia elétrica é muito eficiente, resultando em um alto desempenho dos veículos.
- **Abastecimento rápido:** O tempo de reabastecimento de um veículo a hidrogênio é

similar ao de um carro a gasolina, muito mais rápido do que a recarga de um carro elétrico.

- **Autonomia:** A autonomia dos veículos a hidrogênio é comparável à dos veículos a gasolina, eliminando a chamada "ansiedade da autonomia" comum em carros elétricos.

Mas por que essa tecnologia ainda não decolou?

Apesar de todas as vantagens, o hidrogênio ainda enfrenta diversos desafios que impedem sua ampla adoção:

- **Infraestrutura:** A principal barreira é a falta de uma infraestrutura de abastecimento adequada. Construir uma rede de estações de hidrogênio é um investimento alto e complexo.
- **Custo:** A produção de hidrogênio e os componentes dos veículos ainda são caros, tornando essa tecnologia menos acessível do que os veículos elétricos a bateria.
- **Eficiência energética:** A produção de hidrogênio, especialmente por meio de

processos convencionais, pode consumir muita energia, o que diminui sua eficiência energética.

- **Armazenamento:** O hidrogênio é um gás altamente inflamável e requer sistemas de armazenamento seguros e eficientes, o que aumenta os custos dos veículos.
- **Densidade energética:** Comparado a combustíveis líquidos, o hidrogênio tem uma densidade energética menor, o que exige tanques maiores para armazenar a mesma quantidade de energia.

Hidrogênio Verde: Uma nova esperança?

Uma das principais promessas para superar esses desafios é a produção de hidrogênio verde, utilizando energia renovável para eletrolisar a água e obter hidrogênio puro. Essa abordagem eliminaria a dependência de combustíveis fósseis e reduziria significativamente as emissões de gases de efeito estufa.

O futuro do hidrogênio nos automóveis

Embora o hidrogênio ainda enfrente desafios, muitos especialistas acreditam que ele tem um papel importante a desempenhar no futuro da mobilidade. A contínua pesquisa e desenvolvimento, juntamente com políticas públicas que incentivem a produção e o uso do hidrogênio, podem acelerar a adoção dessa tecnologia.

O hidrogênio tem o potencial de ser uma fonte de energia limpa e eficiente para os veículos, mas ainda precisa superar diversos obstáculos para se tornar uma realidade amplamente difundida. A combinação de hidrogênio verde com avanços tecnológicos pode abrir caminho para uma nova era de mobilidade sustentável.

Como Funciona uma Célula de Combustível:
A célula de combustível é o coração dos carros a hidrogênio. Ela funciona de forma bastante diferente de um motor a combustão tradicional, transformando

energia química em energia elétrica de maneira limpa e eficiente.

O Processo Simplificado:
1. **Hidrogênio e Oxigênio:** O hidrogênio armazenado no veículo é combinado com o oxigênio do ar dentro da célula de combustível.
2. **Eletrodos e Membrana:** O hidrogênio e o oxigênio entram em contato com eletrodos separados por uma membrana eletrolítica.
3. **Geração de Eletricidade:** Dentro da célula, ocorre uma reação química que separa os prótons dos elétrons do hidrogênio. Os elétrons fluem através de um circuito externo, gerando eletricidade que alimenta o motor elétrico do veículo.
4. **Água como Resíduo:** Os prótons migram através da membrana e se combinam com o oxigênio e os elétrons no outro lado, formando água como único subproduto.

A Magia por Trás da Reação:

- **Sem Combustão:** Ao contrário dos motores a combustão, a célula de combustível não queima o hidrogênio. A energia é gerada por uma reação eletroquímica contínua.
- **Alta Eficiência:** A conversão de energia química em elétrica é muito eficiente, resultando em um alto desempenho dos veículos.
- **Emissões Zero:** A única substância emitida pela célula de combustível é água pura, tornando-a uma tecnologia extremamente limpa.

Comparação com Bateria:

Característica	Célula de Combustível	Bateria
Funcionamento	Reação química contínua	Armazenamento de energia elétrica
Abastecimento	Hidrogênio	Energia elétrica
Autonomia	Geralmente maior	Depende da capacidade da bateria
Eficiência	Alta	Pode variar dependendo da tecnologia
Tempo de reabastecimento/recarga	Rápido	Mais lento

Vantagens dos Carros a Hidrogênio

- **Alta autonomia:** Comparável a carros a gasolina.
- **Abastecimento rápido:** Similar ao abastecimento de carros a combustão.
- **Emissões zero:** Não polui o ar.
- **Silencioso:** Operação silenciosa.

Desafios:

- **Infraestrutura:** Falta de estações de abastecimento.
- **Custo:** Tecnologia ainda cara.
- **Produção de hidrogênio:** Necessidade de fontes de energia renovável para a produção de hidrogênio verde.

CAPÍTULO 1

Células de Combustível

O que é uma célula de combustível?

Uma célula de combustível é um dispositivo que converte energia química diretamente em energia elétrica. Diferentemente das baterias, que armazenam energia e se esgotam, a célula de combustível gera energia continuamente enquanto houver fornecimento de combustível.

Como funciona?

Em termos simples, uma célula de combustível combina um combustível (como o hidrogênio) com um oxidante (geralmente o oxigênio do ar) para produzir eletricidade, água e, em alguns casos, calor. Essa reação ocorre em uma célula eletroquímica, que é composta por:

- **Ânodo:** Onde o combustível é oxidado, liberando elétrons.
- **Cátodo:** Onde o oxidante é reduzido, recebendo os elétrons.

- **Eletrólito:** Uma membrana que separa os eletrodos e permite a passagem de íons, mas não de elétrons.

Os elétrons liberados no ânodo fluem através de um circuito externo, gerando eletricidade, para então se recombinar com o oxidante no cátodo. Os íons migram através do eletrólito, completando o circuito elétrico.

Tipos de Células de Combustível:

Existem diversos tipos de células de combustível, cada um com suas características e aplicações específicas. Os principais tipos são:

- **PEMFC (Proton Exchange Membrane Fuel Cell):** Utilizam uma membrana polimérica como eletrólito e operam em temperaturas relativamente baixas. São as mais comuns em aplicações veiculares.
- **SOFC (Solid Oxide Fuel Cell):** Utilizam um eletrólito cerâmico sólido e operam em altas

temperaturas. São eficientes em aplicações estacionárias, como geração de energia.

- **PAFC (Phosphoric Acid Fuel Cell):** Utilizam ácido fosfórico como eletrólito e operam em temperaturas intermediárias. São utilizadas em aplicações estacionárias e veiculares.

Vantagens das Células de Combustível:

- **Alta eficiência:** Podem converter uma grande porcentagem da energia química do combustível em energia elétrica.
- **Baixo impacto ambiental:** As emissões são mínimas, principalmente quando o hidrogênio é produzido a partir de fontes renováveis.
- **Modularidade:** Podem ser facilmente combinadas para atender a diferentes demandas de energia.
- **Operação silenciosa:** Não possuem partes móveis que gerem ruído.

Desafios:

- **Custo:** A produção de células de combustível ainda é cara, principalmente devido aos materiais utilizados.
- **Infraestrutura:** A falta de uma infraestrutura adequada para a produção e distribuição de hidrogênio limita sua aplicação.
- **Durabilidade:** A durabilidade das células de combustível é um fator importante a ser considerado.

Aplicações:

As células de combustível têm um grande potencial de aplicação em diversos setores, como:

- **Transporte:** Veículos elétricos a hidrogênio.
- **Geração de energia:** Estações de base, sistemas de cogeração e aplicações portáteis.
- **Indústria:** Fontes de energia para equipamentos industriais e processos químicos.

As células de combustível representam uma tecnologia promissora para a produção de energia limpa e eficiente. Embora ainda existam desafios a serem superados, os avanços tecnológicos e os investimentos em pesquisa e desenvolvimento estão impulsionando a sua adoção em diversos setores.

A tecnologia das células de combustível está em constante evolução, e espera-se que os custos diminuam e a infraestrutura se expanda nos próximos anos. O hidrogênio tem o potencial de se tornar uma fonte de energia limpa e eficiente para o transporte, contribuindo para um futuro mais sustentável.

Tipos de Células de Combustível:

As células de combustível, embora compartilhem o princípio básico de converter energia química em elétrica, apresentam diferentes tipos, cada um com suas características e aplicações específicas. A escolha do tipo de célula depende de fatores como temperatura de operação, tipo de combustível, eficiência e custo.

1. PEM fuel cell
2. Alkaline fuel cell
3. Phosphoric acid fuel cell
4. Molten carbonate fuel cell
5. Solid oxide fuel cell

1. Célula a Membrana de Troca Protônica (PEMFC)

- **Funcionamento:** Utiliza uma membrana polimérica que permite a passagem de prótons, mas não de elétrons. É a tecnologia mais comum em veículos elétricos a hidrogênio.
- **Características:** Alta eficiência, baixo peso e volume, rápida partida a frio.
- **Aplicações:** Veículos elétricos, dispositivos portáteis, sistemas estacionários de geração de energia.

2. Célula de Combustível Alcalina (AFC)

- **Funcionamento:** Utiliza um eletrólito alcalino, como o hidróxido de potássio.

- **Características:** Alta densidade de potência, mas sensível à contaminação por dióxido de carbono.
- **Aplicações:** Missões espaciais (módulos lunares), aplicações militares.

3. Célula de Combustível de Ácido Fosfórico (PAFC)

- **Funcionamento:** Utiliza ácido fosfórico como eletrólito.
- **Características:** Alta durabilidade, boa tolerância a impurezas no combustível, mas menor eficiência que a PEMFC.
- **Aplicações:** Sistemas estacionários de geração de energia, cogeração.

4. Célula de Combustível de Carbonato Fundido (MCFC)

- **Funcionamento:** Utiliza um eletrólito de carbonato fundido a alta temperatura.

- **Características:** Alta eficiência, capacidade de utilizar diversos combustíveis, mas requer altas temperaturas de operação.
- **Aplicações:** Sistemas estacionários de geração de energia, cogeração.

5. Célula de Combustível de Óxido Sólido (SOFC)

- **Funcionamento:** Utiliza um eletrólito cerâmico sólido que conduz íons de oxigênio a altas temperaturas.
- **Características:** Alta eficiência, capacidade de utilizar diversos combustíveis, incluindo hidrocarbonetos, mas requer altas temperaturas de operação.
- **Aplicações:** Sistemas estacionários de geração de energia, cogeração, produção de hidrogênio.

Comparação entre células de combustível:

Características	PEMFC	AFC	PAFC	MCFC	SOFC
Temperatura de operação	Baixa	Moderada	Moderada	Alta	Alta
Eficiência	Alta	Alta	Moderada	Alta	Alta
Combustível	Hidrogênio	Hidrogênio	Hidrogênio, gás natural	Gás natural, hidrocarbonetos	Gás natural, hidrocarbonetos
Aplicações	Veículos, dispositivos portáteis	Missões espaciais	Sistemas estacionários	Sistemas estacionários	Sistemas estacionários

Fatores que influenciam a escolha da célula:

- **Aplicação:** A escolha do tipo de célula depende da aplicação específica, como veículos, sistemas estacionários ou dispositivos portáteis.
- **Eficiência:** A eficiência é um fator importante, especialmente para aplicações onde a energia é limitada.
- **Custo:** O custo de fabricação e operação da célula é um fator determinante na escolha.

- **Durabilidade:** A durabilidade da célula é importante para garantir a confiabilidade do sistema.
- **Temperatura de operação:** A temperatura de operação influencia a eficiência e o custo do sistema.

Cada tipo de célula de combustível possui suas vantagens e desvantagens, e a escolha ideal depende das necessidades específicas de cada aplicação. A pesquisa e o desenvolvimento contínuos estão levando a avanços significativos na tecnologia das células de combustível, com o objetivo de torná-las mais eficientes, mais baratas e mais acessíveis.

Aprofundando os fatores determinantes na escolha de uma célula de combustível

A escolha do tipo de célula de combustível ideal para uma aplicação específica depende de uma série de fatores, entre eles os que você mencionou: custo, durabilidade e temperatura de operação. Vamos explorar cada um deles com mais detalhes:

Custo de Fabricação e Operação

O custo é um fator crucial na decisão de investir em uma tecnologia. No caso das células de combustível, os custos envolvem:

- **Materiais:** Os materiais utilizados na construção da célula, como catalisadores, membranas e componentes estruturais, podem variar significativamente em custo.
- **Processo de fabricação:** A complexidade do processo de fabricação influencia diretamente o custo final da célula.
- **Manutenção:** A frequência e o custo da manutenção também impactam o custo total de propriedade.
- **Energia:** O consumo de energia para operar a célula e a produção de hidrogênio influenciam o custo operacional.

Fatores que afetam o custo:

- **Escala de produção:** Quanto maior a escala de produção, menores tendem a ser os custos.
- **Tecnologia:** Novas tecnologias e materiais podem reduzir os custos de produção.
- **Preço do hidrogênio:** O custo do hidrogênio, especialmente do hidrogênio verde, influencia diretamente o custo operacional.

Durabilidade

A durabilidade da célula de combustível é fundamental para garantir a confiabilidade e a vida útil do sistema. A durabilidade é influenciada por diversos fatores:

- **Materiais:** A escolha de materiais com alta resistência à corrosão e ao desgaste é crucial para aumentar a durabilidade.
- **Condições de operação:** A temperatura, pressão e umidade podem afetar a vida útil da célula.

- **Ciclos de carga e descarga:** A frequência e a profundidade dos ciclos de carga e descarga podem acelerar o desgaste da célula.
- **Contaminação:** A presença de impurezas no combustível ou no ar pode reduzir a vida útil da célula.

Importância da durabilidade:
- **Custo de substituição:** A necessidade de substituir a célula com frequência aumenta os custos de operação.
- **Tempo de parada:** A falha da célula pode causar interrupções no funcionamento do sistema.
- **Confiabilidade:** Uma célula durável garante a confiabilidade do sistema e reduz a necessidade de manutenção.

Temperatura de Operação

A temperatura de operação da célula de combustível influencia diretamente sua eficiência e custo:

- **Eficiência:** A temperatura de operação afeta a cinética das reações eletroquímicas e, consequentemente, a eficiência da célula. Em geral, temperaturas mais altas levam a maior eficiência.
- **Materiais:** A escolha dos materiais é limitada pela temperatura de operação. Materiais capazes de operar a altas temperaturas são geralmente mais caros.
- **Custo:** A necessidade de sistemas de aquecimento ou resfriamento para manter a temperatura ideal pode aumentar o custo do sistema.

Relação entre temperatura e tipo de célula:
- **PEMFC:** Operam em baixas temperaturas, o que facilita a partida a frio, mas podem ser mais sensíveis à contaminação.
- **PAFC e MCFC:** Operam em temperaturas moderadas a altas, o que permite maior flexibilidade na escolha de combustíveis, mas

exige sistemas de gestão térmica mais complexos.

- **SOFC:** Operam em altas temperaturas, o que permite alta eficiência e a utilização de diversos combustíveis, mas exige materiais cerâmicos especiais e sistemas de controle de temperatura mais sofisticados.

A escolha do tipo de célula de combustível envolve um equilíbrio entre diversos fatores. É fundamental analisar as necessidades específicas de cada aplicação, considerando o custo, a durabilidade, a temperatura de operação, a eficiência e outros fatores relevantes. A evolução tecnológica e a pesquisa contínua estão levando ao desenvolvimento de células de combustível cada vez mais eficientes e duráveis, abrindo novas possibilidades para a aplicação dessa tecnologia em diversos setores.

Avanços Recentes e Tendências

A tecnologia das células de combustível tem avançado significativamente nos últimos anos, impulsionada pela busca por fontes de energia mais limpas e eficientes. Alguns dos principais avanços incluem:

- **Novos materiais:** O desenvolvimento de novos materiais, como catalisadores mais eficientes e membranas poliméricas com maior durabilidade, tem aumentado a eficiência e a vida útil das células.
- **Miniaturização:** A miniaturização das células de combustível está permitindo sua aplicação em dispositivos portáteis, como smartphones e drones.
- **Integração com outras tecnologias:** A integração das células de combustível com outras tecnologias, como painéis solares e baterias, está criando sistemas híbridos mais eficientes e versáteis.

- **Produção de hidrogênio verde:** O avanço na produção de hidrogênio verde, através da eletrólise da água utilizando energia renovável, está tornando o hidrogênio uma fonte de energia mais sustentável para as células de combustível.
- **Aprendizado de máquina:** A aplicação de algoritmos de aprendizado de máquina está otimizando o desempenho das células de combustível e permitindo uma melhor gestão dos sistemas.

Aplicações Específicas

As células de combustível encontram aplicações em diversos setores, cada uma com suas características e desafios:

- **Transporte:**
    - **Veículos leves:** Carros de passeio e ônibus.
    - **Veículos pesados:** Caminhões, trens e navios.

- Aviação: Aeronaves, drones.
- Energia:
  - Geração estacionária de energia: Para residências, empresas e indústrias.
  - Sistemas de cogeração: Produção simultânea de eletricidade e calor.
- Portáteis:
  - Eletrônicos: Smartphones, laptops, drones.
  - Equipamentos militares: Comunicação, sensores.

A escolha depende da aplicação:

- **PEMFC:** Ideal para veículos leves e dispositivos portáteis devido à alta densidade de potência e rápida partida.
- **PAFC e MCFC:** Adequadas para sistemas estacionários de grande porte devido à alta eficiência e capacidade de utilizar diversos combustíveis.

- **SOFC:** Promissoras para aplicações de alta temperatura, como cogeração e produção de hidrogênio.

Desafios e Perspectivas Futuras

Apesar dos avanços, a comercialização em larga escala das células de combustível ainda enfrenta alguns desafios:

- **Custo:** O alto custo de fabricação e dos materiais utilizados é um dos principais obstáculos.
- **Infraestrutura:** A falta de uma infraestrutura de abastecimento de hidrogênio limita a aplicação dos veículos a hidrogênio.
- **Durabilidade:** Aumentar a durabilidade das células é fundamental para reduzir os custos de operação.
- **Eficiência:** A busca por uma maior eficiência é contínua, especialmente em relação à produção de hidrogênio verde.

Perspectivas futuras:

- **Redução de custos:** Espera-se que a redução dos custos seja impulsionada pela economia de escala, pela inovação em materiais e pela otimização dos processos de fabricação.
- **Expansão da infraestrutura:** O investimento em estações de abastecimento de hidrogênio é fundamental para o crescimento do mercado de veículos a hidrogênio.
- **Integração com outras tecnologias:** A combinação das células de combustível com outras tecnologias, como as baterias e os painéis solares, permitirá a criação de sistemas energéticos mais flexíveis e eficientes.
- **Novas aplicações:** A descoberta de novas aplicações para as células de combustível, como na dessalinização da água e na produção de produtos químicos, pode impulsionar o mercado.

A tecnologia das células de combustível apresenta um grande potencial para a transição para um futuro energético mais sustentável. No entanto, ainda há desafios a serem superados, como a redução de custos e a expansão da infraestrutura. Com os avanços tecnológicos e o apoio de políticas públicas, as células de combustível podem se tornar uma das principais fontes de energia limpa nas próximas décadas.

Descarbonização da Economia

As células de combustível desempenham um papel fundamental na transição para uma economia de baixo carbono. Ao converter hidrogênio em eletricidade de forma limpa e eficiente, elas oferecem uma alternativa promissora aos combustíveis fósseis, reduzindo significativamente as emissões de gases do efeito estufa.

Principais benefícios das células de combustível para a descarbonização:

- **Emissões zero ou baixas:** Ao utilizar hidrogênio verde como combustível, as células de combustível emitem apenas vapor d'água, contribuindo para a melhoria da qualidade do ar.
- **Alta eficiência:** A conversão de energia química em elétrica é altamente eficiente, reduzindo perdas e otimizando o uso de recursos.
- **Versatilidade:** As células de combustível podem ser utilizadas em diversas aplicações, desde a geração de energia estacionária até a propulsão de veículos, oferecendo flexibilidade na transição energética.
- **Combinação com outras fontes renováveis:** As células de combustível podem ser integradas a sistemas de energia renovável, como a solar e a eólica, para criar soluções energéticas mais robustas e sustentáveis.

As Principais Empresas Envolvidas

Desenvolvimento de Células de Combustível

Muitas empresas globais estão investindo em pesquisa e desenvolvimento de células de combustível, impulsionando a inovação e a comercialização dessa tecnologia. Algumas das principais empresas envolvidas incluem:

- **Setor automotivo:**
    - **Toyota:** Líder no desenvolvimento de veículos a hidrogênio, com o modelo Mirai.
    - **Honda:** Oferece o Clarity, um veículo elétrico que pode ser abastecido com hidrogênio ou eletricidade.
    - **Hyundai:** Desenvolve veículos a hidrogênio com foco em mercados específicos.
- **Setor energético:**
    - **Bloom Energy:** Especializada em sistemas de geração de energia

estacionária utilizando células de combustível.

- **FuelCell Energy:** Desenvolvedora de sistemas de células de combustível para diversas aplicações, incluindo geração de energia e cogeração.

Outras empresas:

- **Plug Power:** Focada em soluções de hidrogênio para diversas indústrias.
- **Ballard Power Systems:** Fornecedora de sistemas de células de combustível para diversos setores.
- **Siemens:** Desenvolve sistemas de células de combustível para aplicações industriais.

Políticas Públicas

Governos ao redor do mundo estão implementando políticas para incentivar a adoção de células de combustível e acelerar a transição para uma economia de baixo carbono. Alguns exemplos de políticas incluem:

- **Incentivos fiscais:** Oferecimento de créditos fiscais para a compra de veículos a hidrogênio e para a instalação de sistemas de geração de energia utilizando células de combustível.
- **Subsidios:** Provisão de subsídios para a pesquisa e desenvolvimento de tecnologias de células de combustível.
- **Normas de emissões:** Estabelecimento de normas mais rigorosas para as emissões de veículos, incentivando o desenvolvimento de tecnologias limpas, como as células de combustível.
- **Investimento em infraestrutura:** Construção de estações de abastecimento de hidrogênio e desenvolvimento de redes de distribuição.
- **Parcerias público-privadas:** Criação de parcerias entre governos e empresas para acelerar a comercialização de tecnologias de células de combustível.

Desafios e Perspectivas Futuras

Apesar dos avanços e dos incentivos governamentais, a comercialização em larga escala das células de combustível ainda enfrenta desafios, como:

- **Custo:** O alto custo de fabricação e dos materiais utilizados é um dos principais obstáculos.
- **Infraestrutura:** A falta de uma infraestrutura de abastecimento de hidrogênio limita a aplicação dos veículos a hidrogênio.
- **Durabilidade:** Aumentar a durabilidade das células é fundamental para reduzir os custos de operação.

No entanto, com a contínua evolução da tecnologia, a redução dos custos e o aumento da conscientização sobre a importância da sustentabilidade, as células de combustível têm um futuro promissor. Espera-se que, nas próximas décadas, elas se tornem uma das principais fontes de energia limpa e eficiente, contribuindo significativamente para a descarbonização da economia.

Principais Obstáculos

Perspectivas Futuras da Tecnologia de Células de Combustível

A tecnologia das células de combustível apresenta um enorme potencial para a transição para um futuro energético mais sustentável. No entanto, ainda existem desafios significativos que precisam ser superados para sua ampla adoção.

O que impede:
- **Custo:** O alto custo de produção das células de combustível, especialmente dos materiais utilizados, como catalisadores de platina, representa um dos maiores obstáculos.
- **Infraestrutura:** A falta de uma infraestrutura adequada para a produção, armazenamento e distribuição de hidrogênio limita a aplicação das células de combustível, principalmente em veículos.

- **Durabilidade:** Aumentar a durabilidade das células é fundamental para reduzir os custos de operação e garantir a confiabilidade dos sistemas.
- **Eficiência:** Embora as células de combustível sejam eficientes, a busca por uma maior eficiência é contínua, especialmente em relação à produção de hidrogênio verde.
- **Densidade energética:** A baixa densidade energética do hidrogênio, quando comparado a combustíveis fósseis, limita a autonomia dos veículos a hidrogênio.

Perspectivas Futuras

Apesar dos desafios, as perspectivas para o futuro da tecnologia de células de combustível são promissoras:

- **Redução de custos:** Espera-se que a redução dos custos seja impulsionada pela economia de escala, pela inovação em materiais e pela otimização dos processos de fabricação.

- **Expansão da infraestrutura:** O investimento em estações de abastecimento de hidrogênio é fundamental para o crescimento do mercado de veículos a hidrogênio.
- **Novos materiais:** O desenvolvimento de novos materiais, como catalisadores mais eficientes e membranas poliméricas com maior durabilidade, aumentará a performance e reduzirá os custos das células de combustível.
- **Integração com outras tecnologias:** A combinação das células de combustível com outras tecnologias, como as baterias e os painéis solares, permitirá a criação de sistemas energéticos mais flexíveis e eficientes.
- **Políticas públicas:** Políticas governamentais que incentivem a pesquisa, o desenvolvimento e a comercialização de tecnologias de células de combustível serão cruciais para acelerar a

transição para uma economia de baixo carbono.

- **Novas aplicações:** A descoberta de novas aplicações para as células de combustível, como na dessalinização da água e na produção de produtos químicos, pode impulsionar o mercado.

O futuro das células de combustível é promissor, mas depende de investimentos contínuos em pesquisa e desenvolvimento, da criação de políticas públicas adequadas e da superação de desafios como o custo e a infraestrutura. Com os avanços tecnológicos e a crescente conscientização sobre a importância da sustentabilidade, as células de combustível têm o potencial de se tornar uma das principais fontes de energia limpa e eficiente nas próximas décadas.

Comparação entre Carros

Hidrogênio, Elétricos a Bateria e a Combustão

A escolha entre um carro a hidrogênio, elétrico a bateria ou a combustão envolve uma série de considerações, desde o desempenho e autonomia até o impacto ambiental e custo. Vamos comparar essas tecnologias para entender melhor suas características e vantagens:

Carros a Hidrogênio

- **Funcionamento:** Utilizam células de combustível que combinam hidrogênio e oxigênio para gerar eletricidade.
- **Vantagens:**
    - **Autonomia:** Similar aos carros a combustão.
    - **Abastecimento rápido:** Processo semelhante ao dos carros a combustão.
    - **Emissões zero:** Emitem apenas vapor d'água.

- **Alto desempenho:** Aceleração rápida e boa potência.
- **Desvantagens:**
  - **Infraestrutura:** Falta de estações de abastecimento.
  - **Custo:** Veículos e infraestrutura ainda são caros.
  - **Eficiência:** A produção de hidrogênio verde ainda é um desafio.

Carros Elétricos a Bateria

- **Funcionamento:** Utilizam baterias que armazenam energia elétrica para alimentar o motor.
- **Vantagens:**
  - **Eficiência:** Alta eficiência energética.
  - **Baixo custo de operação:** Energia elétrica é geralmente mais barata que combustíveis fósseis.
  - **Silencioso:** Operação silenciosa.

- Infraestrutura crescente: Número de carregadores públicos aumentando.

• Desvantagens:
  - Autonomia: Embora tenha aumentado, ainda pode ser uma preocupação para viagens longas.
  - Tempo de carregamento: Carregamentos rápidos ainda são mais lentos que o abastecimento de combustíveis fósseis.
  - Custo das baterias: Ainda representa uma parcela significativa do custo do veículo.

Carros a Combustão

• **Funcionamento:** Utilizam motores a combustão interna que queimam combustíveis fósseis para gerar energia.

• **Vantagens:**
  - **Infraestrutura ampla:** Grande número de postos de abastecimento.

- **Custo dos veículos:** Geralmente mais acessíveis.
* **Desvantagens:**
  - **Emissões:** Emitem gases poluentes e contribuem para o efeito estufa.
  - **Dependência de combustíveis fósseis:** Vulnerabilidade a flutuações de preços.
  - **Ruído:** Motores a combustão são mais ruidosos.

Comparativo resumido:

Característica	Hidrogênio	Elétrico a bateria	Combustão
Autonomia	Alta	Média a alta	Alta
Abastecimento	Rápido	Mais lento	Rápido
Emissões	Zero	Zero	Altas
Custo	Alto	Médio	Baixo
Infraestrutura	Limitada	Crescente	Ampla
Desempenho	Alto	Alto	Alto

Qual escolher?

A escolha ideal depende das suas necessidades e prioridades. Se você busca um veículo com alta autonomia, abastecimento rápido e emissões zero, o carro a hidrogênio pode ser uma boa opção. No entanto, a falta de infraestrutura e o custo elevado são fatores limitantes.

Se você prioriza a eficiência, baixo custo de operação e não se importa com a autonomia, o carro elétrico a bateria é uma excelente opção. A infraestrutura de carregamento está se expandindo rapidamente e os custos estão diminuindo.

Os carros a combustão, apesar de serem a opção mais tradicional, apresentam as maiores emissões e dependência de combustíveis fósseis.

Em resumo:

- **Carros a hidrogênio:** Ideal para quem busca alta autonomia e emissões zero, mas está disposto a pagar mais e lidar com a falta de infraestrutura.

- **Carros elétricos a bateria:** Ótima opção para quem busca eficiência, baixo custo de operação e está disposto a planejar as viagens.
- **Carros a combustão:** Opção tradicional, com ampla infraestrutura, mas com maior impacto ambiental e custos de operação mais elevados a longo prazo.

Considerações adicionais:

- **Incentivos governamentais:** Verifique os incentivos oferecidos pelo governo para a compra de veículos elétricos ou a hidrogênio em sua região.
- **Custo total de propriedade:** Além do preço de compra, considere os custos de energia, manutenção e revenda do veículo.
- **Disponibilidade de modelos:** A variedade de modelos de carros a hidrogênio ainda é limitada.

Lembre-se que a tecnologia está em constante evolução e novas opções podem surgir no mercado. É importante pesquisar e comparar diferentes modelos antes de tomar uma decisão.

O impacto ambiental da produção e utilização do hidrogênio varia significativamente dependendo da fonte de energia utilizada para produzi-lo.

Produção do Hidrogênio

- **Hidrogênio Cinzento:** Produzido a partir de combustíveis fósseis, como gás natural, o hidrogênio cinzento libera grandes quantidades de dióxido de carbono na atmosfera, contribuindo para o efeito estufa.
- **Hidrogênio Azul:** Produzido a partir de combustíveis fósseis, mas com captura e armazenamento do carbono (CCS), o hidrogênio azul reduz significativamente as emissões, mas não as elimina completamente.
- **Hidrogênio Verde:** Produzido através da eletrólise da água utilizando energia renovável,

o hidrogênio verde é considerado o mais limpo, pois não gera emissões de gases do efeito estufa durante o processo de produção.

Utilização do Hidrogênio:

- **Células de Combustível:** A utilização do hidrogênio em células de combustível gera apenas água como subproduto, tornando-o um combustível limpo durante a sua utilização.
- **Combustão Direta:** A combustão direta do hidrogênio também produz apenas água, mas pode gerar emissões de óxidos de nitrogênio (NOx) em altas temperaturas.

Impactos Ambientais:

- **Positivos:**
    - **Redução das emissões de gases do efeito estufa:** O hidrogênio verde, em particular, tem o potencial de reduzir significativamente as emissões de gases

do efeito estufa, contribuindo para a mitigação das mudanças climáticas.

- **Melhoria da qualidade do ar:** A utilização do hidrogênio em veículos e sistemas de geração de energia pode reduzir a poluição do ar, especialmente em áreas urbanas.
- **Versatilidade:** O hidrogênio pode ser utilizado em diversos setores, como transporte, energia e indústria, oferecendo uma solução energética mais limpa e flexível.

- **Negativos:**
    - **Produção de hidrogênio cinzento e azul:** A produção de hidrogênio a partir de combustíveis fósseis ainda gera emissões de carbono, embora em menor escala no caso do hidrogênio azul.
    - **Eficiência:** A produção e o armazenamento de hidrogênio podem

envolver perdas energéticas, reduzindo a eficiência geral do sistema.

- **Infraestrutura:** A construção de uma infraestrutura para produção, armazenamento e distribuição de hidrogênio exige investimentos significativos e pode ter impactos ambientais locais.

O impacto ambiental do hidrogênio depende fortemente da forma como ele é produzido. O hidrogênio verde, produzido a partir de fontes renováveis, representa a opção mais sustentável e com menor impacto ambiental. No entanto, a produção em larga escala de hidrogênio verde ainda enfrenta desafios, como a necessidade de aumentar a produção de energia renovável e reduzir os custos de produção.

Para minimizar os impactos ambientais da produção e utilização do hidrogênio, é fundamental:

- **Investir em tecnologias de produção de hidrogênio verde:** Aumentar a eficiência e reduzir os custos da eletrólise da água utilizando energia renovável.
- **Desenvolver infraestruturas de armazenamento e distribuição de hidrogênio:** Criar uma rede de estações de abastecimento de hidrogênio para veículos e sistemas de geração de energia.
- **Promover a pesquisa e o desenvolvimento de novas tecnologias:** Continuar investindo em pesquisa para melhorar a eficiência das células de combustível e desenvolver novos materiais.
- **Implementar políticas públicas que incentivem a produção e o uso de hidrogênio verde:** Oferecer incentivos fiscais, estabelecer metas de redução de emissões e

criar parcerias entre o setor público e o privado.

Ao adotar essas medidas, o hidrogênio pode desempenhar um papel crucial na transição para uma economia de baixo carbono e na construção de um futuro mais sustentável.

Empresas Líderes

A tecnologia das células de combustível tem atraído a atenção de diversas empresas em todo o mundo, impulsionadas pela busca por fontes de energia mais limpas e eficientes. Algumas das principais empresas envolvidas nesse desenvolvimento são:

Setor Automobilístico

- **Toyota:** A Toyota é um dos líderes mundiais em veículos elétricos a hidrogênio. Seu modelo Mirai é um dos mais conhecidos e já está disponível em alguns mercados.

  Toyota Mirai hydrogen fuel cell car

- **Honda:** A Honda também possui um modelo de veículo a hidrogênio, o Clarity, que oferece a opção de abastecimento com hidrogênio ou eletricidade.

  Honda Clarity hydrogen fuel cell car

- **Hyundai:** A Hyundai tem investido significativamente em veículos a hidrogênio e oferece modelos como o NEXO.

  Hyundai NEXO hydrogen fuel cell car

Setor Energético

- **Bloom Energy:** Especializada em sistemas de geração de energia estacionária utilizando células de combustível, a Bloom Energy fornece soluções para diversas aplicações, desde data centers até hospitais.

- **FuelCell Energy:** A FuelCell Energy desenvolve sistemas de células de combustível para diversas aplicações, incluindo geração de energia e cogeração.

  FuelCell Energy fuel cell system

- **Plug Power:** Focada em soluções de hidrogênio para diversas indústrias, a Plug Power fornece sistemas de células de combustível para empilhadeiras, veículos comerciais e outras aplicações.

Outras Empresas

- **Ballard Power Systems:** Fornecedora de sistemas de células de combustível para diversos setores, a Ballard Power Systems é uma das principais empresas do setor.
- **Siemens:** A Siemens desenvolve sistemas de células de combustível para aplicações industriais, como geração de energia e cogeração.

Importante: Esta é apenas uma pequena amostra das empresas que estão envolvidas no desenvolvimento de células de combustível. Existem muitas outras empresas menores e startups que também estão contribuindo para o avanço dessa tecnologia.

Fatores que impulsionam o desenvolvimento:
- **Incentivos governamentais:** Muitos governos oferecem incentivos fiscais e subsídios para o desenvolvimento e a comercialização de tecnologias de células de combustível.
- **Consciência ambiental:** A crescente preocupação com as mudanças climáticas e a poluição do ar está impulsionando a busca por fontes de energia mais limpas.
- **Avanços tecnológicos:** A pesquisa e o desenvolvimento de novos materiais e tecnologias estão tornando as células de combustível mais eficientes e acessíveis.

Desafios:

- **Custo:** O alto custo de produção das células de combustível ainda é um obstáculo para sua ampla adoção.
- **Infraestrutura:** A falta de uma infraestrutura adequada para a produção e distribuição de hidrogênio limita a aplicação das células de combustível.
- **Durabilidade:** Aumentar a durabilidade das células é fundamental para reduzir os custos de operação e garantir a confiabilidade dos sistemas.

Apesar dos desafios, as perspectivas para o futuro da tecnologia de células de combustível são promissoras. Com o avanço da pesquisa e o desenvolvimento de novas políticas públicas, as células de combustível podem se tornar uma das principais fontes de energia limpa e eficiente nas próximas décadas.

Hidrogênio vs. Álcool

Uma Comparação de Combustíveis Limpos

A busca por fontes de energia mais limpas e sustentáveis tem impulsionado a pesquisa e o desenvolvimento de diversas alternativas aos combustíveis fósseis. Entre elas, o hidrogênio e o álcool se destacam como promissoras opções. No entanto, cada um possui suas particularidades e desafios.

Hidrogênio

Vantagens:

- **Alta eficiência:** Quando utilizado em células de combustível, o hidrogênio oferece alta eficiência de conversão em energia elétrica.
- **Baixo impacto ambiental:** A única emissão do processo é água, tornando-o um combustível extremamente limpo.
- **Versatilidade:** Pode ser utilizado em diversos setores, como transporte, geração de energia e indústria.

Desafios:
- **Infraestrutura:** A falta de uma infraestrutura de produção, armazenamento e distribuição de hidrogênio é um dos principais desafios.
- **Custo:** A produção de hidrogênio verde, o mais limpo, ainda é cara.
- **Armazenamento:** O hidrogênio é um gás altamente inflamável e de baixa densidade energética, o que dificulta seu armazenamento a bordo de veículos.

Álcool (Etanol)

Vantagens:
- **Renovação:** O etanol pode ser produzido a partir de biomassa renovável, como a cana-de-açúcar, reduzindo a dependência de combustíveis fósseis.
- **Infraestrutura:** Já existe uma infraestrutura estabelecida para a produção e distribuição de etanol em muitos países.

- **Menor emissão de poluentes:** Em comparação com a gasolina, o etanol emite menos poluentes.

Desafios:
- **Eficiência:** A eficiência energética da produção de etanol pode variar dependendo do processo utilizado e da matéria-prima.
- **Concorrência com a alimentação:** A produção de etanol em larga escala pode competir com a produção de alimentos, elevando os preços.
- **Emissões indiretas:** Embora o etanol seja considerado um combustível mais limpo que a gasolina, sua produção pode gerar emissões de gases do efeito estufa, principalmente relacionadas ao desmatamento e à agricultura.

Comparação entre Hidrogênio e Álcool

Característica	Hidrogênio	Álcool
Limpeza	Muito limpo (água como único subproduto)	Menos poluente que a gasolina, mas pode gerar emissões indiretas
Eficiência	Alta eficiência em células de combustível	Eficiência variável dependendo do processo de produção
Infraestrutura	Falta de infraestrutura dedicada	Infraestrutura já existente em muitos países
Custo	Produção ainda cara, especialmente o hidrogênio verde	Custo variável dependendo do preço da matéria-prima e dos incentivos governamentais
Armazenamento	Dificuldade de armazenamento devido à baixa densidade energética	Mais fácil de armazenar e transportar

Qual a melhor opção?

A escolha entre hidrogênio e álcool como combustível depende de diversos fatores, como disponibilidade de recursos, infraestrutura, custos e políticas públicas. Ambos possuem vantagens e desafios, e a melhor opção pode variar de acordo com cada região e aplicação.

Tendências futuras:

- **Combinação de tecnologias:** É possível que no futuro vejamos a combinação de hidrogênio e álcool, como o uso de etanol para produzir hidrogênio a bordo de veículos.

- **Desenvolvimento de novas tecnologias:** A pesquisa e o desenvolvimento de novas tecnologias podem tornar a produção e o uso de ambos os combustíveis mais eficientes e acessíveis.

- **Políticas públicas:** Políticas governamentais que incentivem a produção e o uso de combustíveis renováveis serão cruciais para o desenvolvimento de um setor de transporte mais sustentável.

Tanto o hidrogênio quanto o álcool possuem o potencial de contribuir para a transição para um futuro energético mais limpo e sustentável. A escolha da melhor opção dependerá de uma avaliação cuidadosa dos fatores específicos de cada caso.

CAPÍTULO 2
Hidrogênio no Automóvel

Rumo à Autossuficiência Energética Veicular

A busca por auto suficiência energética em automóveis é um tema relevante nos dias de hoje. Diversas tecnologias têm sido exploradas para reduzir a dependência de combustíveis fósseis e promover soluções mais sustentáveis. Vou destacar algumas abordagens notáveis:

Veículos Elétricos (VE): A eletrificação dos veículos é uma das principais tendências. Os VE utilizam baterias recarregáveis como fonte primária de energia. Essas baterias podem ser recarregadas em tomadas convencionais ou estações de carregamento rápido.

Energia Solar: A integração de painéis solares nos veículos é uma abordagem interessante para aproveitar a energia solar. Essa tecnologia pode ajudar a carregar as baterias, aumentando a autonomia dos veículos.

Recuperação de Energia: Sistemas de recuperação de energia, como a regeneração de freios, convertem a energia cinética durante a desaceleração em eletricidade, que pode ser armazenada e reutilizada para impulsionar o veículo.

Hidrogênio: Veículos movidos a hidrogênio são uma alternativa. Eles convertem o hidrogênio em eletricidade, emitindo apenas água como subproduto. No entanto, a infraestrutura de abastecimento de hidrogênio ainda está em desenvolvimento.

Tecnologias Inovadoras: Pesquisas continuam em busca de novas tecnologias, como baterias de estado sólido, que prometem maior densidade de energia e recarga mais rápida.

No contexto da sua expertise em tecnologia, você pode explorar ainda mais a integração de sistemas de geração de energia renovável e armazenamento avançado em veículos. Além disso, considere a aplicação de princípios de eficiência mecânica para otimizar o consumo de energia.

Produção de Hidrogênio em automóveis

A proposta de produzir hidrogênio a bordo de automóveis, utilizando uma estação de produção compacta e eficiente, representa uma abordagem inovadora para superar os desafios associados à infraestrutura de abastecimento. Essa visão não apenas elimina a necessidade de extensas redes de estações de recarga, mas também potencializa a autossuficiência energética dos veículos.

O processo inicia-se com a coleta da água, um recurso universal e abundante, no reservatório do veículo. Em seguida, a eletrólise entra em ação, separando a água em seus componentes fundamentais: hidrogênio e oxigênio. Esta etapa é catalisada pela eletricidade gerada a bordo, seja por meio de células solares integradas ao veículo ou por outros meios de geração de energia renovável, alinhando-se assim aos princípios da sustentabilidade.

Ao produzir hidrogênio no próprio veículo, a dependência de uma extensa infraestrutura de estações de recarga é consideravelmente reduzida, aumentando a versatilidade e a independência dos automóveis movidos a células de combustível. Essa abordagem não apenas simplifica a logística do abastecimento, mas também contribui para a descentralização da produção de energia, alinhando-se às tendências contemporâneas de autonomia e sustentabilidade.

Entretanto, é importante destacar desafios técnicos e práticos associados a essa proposta. A eficiência do processo de eletrólise, a segurança do armazenamento do hidrogênio a bordo e a escalabilidade dessa tecnologia são questões que demandam cuidadosa consideração e desenvolvimento contínuo. À medida que a pesquisa e a inovação avançam, a perspectiva de automóveis capazes de produzir seu próprio combustível abre portas para um futuro em que a mobilidade é moldada por soluções energéticas autossustentáveis. Entretanto, algumas perguntas precisam ser respondidas para que esse processo seja viável. Vamos responder algumas questões:

Quanto de hidrogênio eu preciso?
Isso por se só já é um grande problema. Carros são diferentes e têm motores diferentes, cilindradas diferentes, potências diferentes etc. Assim, se você desejasse desenvolver um sistema de alimentação com hidrogênio para um determinado carro, o ajuste teria que ser específico para esse carro. A quantidade de hidrogênio necessária não é a mesma para todos os carros.

Isso já mostra porque em alguns carros, o sistema genérico vendido por aí, as vezes apresenta algum resultado positivo, o ajuste do sistema naquele carro em particular foi, digamos satisfatório.

Por que não dá para funcionar o carro apenas com hidrogênio?
Em qualquer ambiente físico, energia não se cria (você não é Deus!), energia se transforma. Assim para você transformar água em hidrogênio, você vai precisar fazer um conversor de hidrogênio para obter o chamado de Gás de Rodes ou Gás de Brown em homenagem a seus famosos pesquisadores, William A Rhodes e Professor Yull Brown e, para fazer o conversor funcionar, você vai usar energia elétrica (12 VDC) do seu próprio carro.

Como seu carro é um sistema fechado (em loop), você não vai conseguir tirar toda energia que você precisa dele mesmo para fazê-lo funcionar 100%. Isso seria o que chamamos de "moto contínuo" algo não construído pela ciência até o momento. Assim, apenar uma parte da energia pode ser produzida.

O carro a hidrogênio sempre vai funcionar junto com outro combustível?

A não ser que você obtenha o hidrogênio por meios externos, SIM! Produzir hidrogênio para ser usado no mesmo veículo, vai implicar em misturar combustíveis. Como gasolina, diesel e álcool são os principais combustíveis aceito pelos motores Oto na atualidade, você vai precisar misturar o hidrogênio com um deles. Isso vai alterar a octanagem do combustível (Octane Rating). Isso, ao contrário do que se diz por aí, vai requerer ajustes no motor.

A Sonda Lambda faz leitura de octanagem para os combustíveis mais conhecidos ou para a mistura deles, mas não percebe quando há o hidrogênio misturado, logo a sonda não vai funcionar bem e o motor do carro vai funcionar fora de ponto. Isso significa que o motor vai trabalhar em regimes não essencial produzindo maior gasto e gerando menos potência.

Nos motores atuais, com o advento do computador de injeção, o carro trabalha em seu ponto ótimo de PMA (ponto morto alto) sem detonação espontânea do combustível (com exceção do motor a Diesel). Uma combustão mais eficiente se traduz em menos combustível consumido e maior potência. Eu diria que a adaptação do kit de hidrogênio é mais recomendada para carros carburados sem injeção e sem sonda Lambda onde, o mecânico pode regular a mistura de "ouvido".

Quanto de energia eu vou usar para gerar hidrogênio e quanto eu vou gastar?
Isso também é outro ponto a ser considerado. No processo de conversão, há gastos de energia. Essa energia, para o leigo, está disponível *gratuitamente* no sistema elétrico do carro, entretanto o gerador do carro também é um conversor de energia mecânica

em elétrica e é tocado pelo seu próprio motor do carro que vai gastar combustível para girar o alternador. Assim, quanto for maior a demanda de energia, maior será o gasto de combustível. Como disse antes, energia não se cria, se transforma. Para obter o hidrogênio, você vai gastar parte do combustível do seu próprio carro para obter o hidrogênio que você precisa para fazer o carro funcionar.

Esse cálculo precisa ser feito para ver se compensa: o que você vai gastar para produzir o hidrogênio e o que você vai gastar para resolver todos os problemas de instalação e regulagem do motor, com a tal economia de combustível que você espera obter.

O que diz os construtores de kits de hidrogênio:
 a) A água possui muita energia. 1 litro de água pode produzir mais de 600 litros de hidrogênio.

b) É mais seguro produzir hidrogênio no carro ao invés de armazená-lo.

c) A água é o combustível do futuro.

d) Novos modelos de carros, novas usinas de energia, novas casas e eletrodomésticos (energia para nos aquecer e operar as linhas de energia da casa usando água) e assim por diante.

e) A Honda e a BMW possuem carros a hidrogênio a mais de 30 anos.

f) Carros antigos convertidos que funcionam com 100% de água sem gasolina (ou com 3% de gasolina).

g) A economia de combustível é em média de 30% a 50% no carro.

h) Não precisa fazer modificação no carro para instalar o kit de hidrogênio.

Os argumentos são muitos; dezenas, milhares talvez até milhões. Então por que em meio as grandes crises de petróleo no mundo o hidrogênio não se tornou o combustível padrão? Algo não se encaixa bem. Apesar de tudo isso na teoria ser verdade, a prática não é fácil operacionalizar. Transformar a água em hidrogênio não é difícil, o que é difícil é conseguir uma forma barata de fazer isso, seja no carro ou fora dele. O advento do hidrogênio em carro é pesquisado por muitos amadores e profissionais em todo o mundo desde que os carros com motor Oto foram criados.

Por que não deu certo até hoje?
Você sabia que na água do mar existe mais ouro do que a soma de todo ouro existente em todas as minas de ouro no planeta inteiro? Isso é uma verdade. Mas, quanto custa para extrair o ouro da água do mar?

Assim, nem tudo que se pode comprovar com ciência é viável. Extrair ouro da água do mar é um processo conhecido há muitos anos, mas quando essa extração custa mais caro do que o valor do próprio ouro extraído, deixa de ser atraente. Isso é o mesmo que acontece quando desejamos fazer a conversão da água em hidrogênio. O custo benefício inviabiliza a proposta.

Um gerador de hidrogênio em um carro, como o chamado "sistema de célula de combustível de hidrogênio", não consegue girar o motor com potência por alguns motivos:

Geração de hidrogênio: O gerador de hidrogênio em um carro geralmente utiliza eletrólise da água para separar o hidrogênio do oxigênio. Esse processo requer energia elétrica para quebrar as moléculas de água. Se essa energia elétrica é fornecida pelo próprio motor do veículo ou pela bateria do carro, isso implica que uma parte da potência gerada pelo motor é redirecionada para produzir o hidrogênio. Portanto, a potência líquida disponível para o motor é reduzida.

Armazenamento de hidrogênio: O hidrogênio gerado pelo gerador de hidrogênio precisa ser armazenado e alimentado ao motor do carro. No entanto, o armazenamento de hidrogênio de forma compacta e segura ainda é um desafio tecnológico. O hidrogênio é um gás altamente inflamável e requer tanques de armazenamento específicos, geralmente feitos de materiais compostos avançados. Esses tanques podem ser volumosos e pesados, o que afeta o desempenho geral do veículo.

Eficiência da conversão: O processo de conversão de hidrogênio em energia elétrica nos motores de combustão interna não é tão eficiente quanto outras formas de energia, como motores a gasolina ou diesel. Isso ocorre porque o hidrogênio precisa ser comprimido e injetado em cilindros específicos do motor. Além disso, o hidrogênio tem um poder calorífico menor do que os combustíveis convencionais, o que resulta em uma potência reduzida.

Embora a tecnologia de célula de combustível de hidrogênio tenha potencial para ser uma opção sustentável no futuro, atualmente existem desafios significativos a serem superados para tornar essa tecnologia viável em larga escala.

O que precisamos é de estudo e mais investimento no assunto. Penso que não estamos longe de resolver esses problemas e que uma solução criativa pode aparecer a qualquer momento. Vamos estudar um pouco mais sobre o assunto para tentarmos uma solução prática viável.

CAPÍTULO 3
O Motor do Automóvel

Octanagem: Padrão de Combustão para Motores Otto

A octanagem é uma medida que avalia a capacidade antidetonante de um combustível, especificamente em motores de combustão interna do tipo Otto, que são comumente utilizados em veículos movidos a gasolina. Essa propriedade é crucial para garantir um desempenho eficiente e seguro do motor.

Quando falamos em octanagem, referimo-nos à resistência do combustível à detonação prematura, também conhecida como "batida de pino" ou "pré-ignição". A detonação prematura ocorre quando a mistura ar-combustível se inflama antes do momento desejado pela centelha da vela de ignição. Isso não apenas compromete a eficiência do motor, mas também pode causar danos significativos ao mesmo.

Os combustíveis de maior octanagem possuem uma resistência superior à detonação prematura. Isso é fundamental em motores de alta compressão, onde as condições são propícias para a ocorrência desse fenômeno. Portanto, ao utilizar combustíveis com maior octanagem, os motores Otto podem operar em condições de compressão mais elevada, proporcionando maior eficiência e potência.

Vale ressaltar que a octanagem não determina a quantidade de energia no combustível, mas sim sua capacidade de combustão controlada. Combustíveis de menor octanagem são mais propensos à detonação prematura, o que pode resultar em danos ao motor e redução do desempenho.

A escolha do combustível adequado para um determinado motor depende das características específicas do projeto do motor e das condições de operação. Motores de alta performance ou aqueles com taxas de compressão mais elevadas geralmente requerem combustíveis de maior octanagem para otimizar o desempenho e garantir a durabilidade do motor.

Em resumo, a octanagem é um fator crítico para a operação eficiente e segura dos motores Otto, desempenhando um papel vital na escolha do combustível e no projeto dos motores para atender às demandas de desempenho e eficiência.

O Hidrogênio e a Octanagem
A adição de hidrogênio à mistura ar/combustível tem o efeito imediato de aumentar a octanagem de qualquer combustível. "A taxa de octanagem" significa o quanto esse combustível pode ser comprimido antes de inflamar. A gasolina original saída da refinaria, chamada de "gasolina pura" possui 87 octanas, inflama mais rápido do que os combustíveis de alta octanagem. Quanto menor a octanagem, menos compressão é necessária para inflamar a gasolina. Este fato faz com que a gasolina

entre em ignição antes do PMA, ponto morto alto, ponto onde o pistão está no ponto mais alto de seu movimento, tornando-o menos eficiente, pois a explosão dos gases empurra o pistão para baixo e fora de sequência (é muito cedo, então vai um pouco ao contrário) e, portanto, o ruído "batida de pino" e menos potência do motor.

O hidrogênio faz com que o combustível comum de baixa qualidade acenda mais lentamente, fazendo com que ele funcione como uma gasolina de alta octanagem! Uma classificação de octanagem mais alta significa maior potência devido à combustão ocorrendo muito mais perto do PMA, onde tem a chance de se transformar em torque mecânico (empurrão rotativo) da maneira certa e sem batida de pino e o pistão transfere mais energia durante seu ciclo de combustão, de modo que a combustão se torna mais eficiente. Uma combustão mais eficiente se traduz em menos combustível consumido e maior potência do motor.

Essa tecnologia não significa que estamos funcionando com água, mas com a introdução do hidrogênio e de maneira simples e eficaz, cria o efeito de se usar a mesma gasolina ruim de maneira mais econômica. Nesse caso o hidrogênio complementa e realmente corrige a octanagem da gasolina. Nesse caso, espera-se uma interação entre o hidrogênio (água) e a gasolina criando um fator de economia.

Tipos de hidrogênio

HHO: O termo "HHO" geralmente é utilizado para descrever uma mistura de gases produzida por eletrólise da água. Durante esse processo, uma corrente elétrica é passada pela água, dividindo-a nos seus componentes básicos: hidrogênio e oxigênio. A relação típica de produção é de 2 partes de hidrogênio para 1 parte de oxigênio, formando assim a mistura HHO.

O HHO é muitas vezes considerado para ser usado em sistemas de combustão interna como um suplemento de combustível para melhorar a eficiência da queima do combustível principal, que geralmente é gasolina. No entanto, a eficácia e a segurança do uso de HHO em motores de combustão interna são temas de debate e pesquisa contínua.

Hidrogênio Puro: O hidrogênio puro refere-se ao gás composto exclusivamente por moléculas de hidrogênio. Esse gás pode ser obtido por diversos métodos, sendo os mais comuns a reforma de gás natural e a eletrólise da água. O hidrogênio puro é frequentemente considerado como uma fonte de energia limpa e é utilizado em células de combustível para gerar eletricidade, bem como em alguns protótipos de veículos movidos a hidrogênio.

A principal distinção é que o hidrogênio puro é um gás composto apenas por moléculas de hidrogênio, enquanto o HHO é uma mistura de hidrogênio e oxigênio em proporções específicas, frequentemente utilizada em experimentos ou dispositivos que buscam melhorar a eficiência de motores de combustão interna.

É importante notar que o uso de HHO em motores de combustão interna não é tão amplamente adotado quanto o hidrogênio puro, que é mais comumente utilizado em aplicações como células de combustível, veículos movidos a hidrogênio e em processos industriais. A eficácia, segurança e viabilidade dessas tecnologias continuam sendo áreas de pesquisa e desenvolvimento.

Quanta água é necessária para produzir o HHO?
Muito pouco. Se você estiver usando a eletrólise para separar a água em HHO, um litro de água será consumido em 1 mês. Nesse caso a ideia é você criar uma economia de combustível que pode chegar a cerca de cinco mil reais por ano com um baixo

investimento mensal da ordem de centavos. O uso de HHO e gasolina não é 100% gratuito, mas estamos economizando muito gastando muito pouco. Isso é como transforma água em ouro usando apenas uma tecnologia caseira.

Nota: onde ocorre o erro dos kits de conversão de hidrogênio vendidos na Internet com o objetivo de diminuir o consumo de combustível? O kit precisa ser adaptado corretamente ao carro, ajustando-se a octanagem do combustível com o uso do HHO, para se obter um melhor rendimento. Em outras palavras a centralina do carro precisa ser remapeada.

Fatos sobre a água:
A utilização da água como fonte de energia, especialmente na forma de HHO (mistura gasosa de hidrogênio e oxigênio), tem sido objeto de pesquisa e experimentação. Vou abordar alguns pontos relevantes sobre esse tema:

Eletrolisadores: A produção de HHO geralmente envolve a utilização de eletrolisadores. Esses dispositivos fazem a decomposição da água (H_2O) em hidrogênio (H_2) e oxigênio (O_2) através da passagem de corrente elétrica. O hidrogênio resultante pode ser utilizado como uma fonte de energia.

Combustão do HHO: O HHO é frequentemente considerado para a combustão, sendo misturado com o ar para gerar calor e energia. Contudo, é importante destacar que o processo de combustão do hidrogênio requer cuidados de segurança devido à sua inflamabilidade.

Eficiência Energética: A eficiência da conversão de água em HHO e posterior utilização como fonte de energia é um ponto crítico. Alguns desafios incluem o consumo de energia no processo de eletrólise, perdas durante o armazenamento e eficiência na conversão de volta em energia útil.

Aplicações Práticas: Experimentos têm sido realizados em diversas áreas, desde propulsão veicular até geração de energia para aplicações estacionárias. No entanto, a implementação em larga escala enfrenta desafios técnicos, econômicos e de segurança.

Perspectivas Futuras: A pesquisa continua na busca por métodos mais eficientes e seguros de produção, armazenamento e utilização de HHO. Inovações nesse campo podem desempenhar um papel significativo na transição para fontes de energia mais limpas e sustentáveis.

Energia na Água

O que os vendedores de kit de HHO automotivo falam a respeito da água.

1. A água "esconde" muita energia em seu interior.
2. Comparado com a energia de um quilo de gasolina (vamos chamá-lo de 100%),

a energia em um quilo de hidrogênio é de apenas 80% - enquanto o gás de Brown (HHO) do mesmo peso tem 300% da energia!

3. Ao separá-lo em seu estado de gás, cada litro de água se expande em proporções gigantescas de cerca de 500 litros de gás combustível. Em aplicação automotiva, temos um grande efeito no motor, com um pequeno consumo de água.

Por que chegou a hora para essa tecnologia?
O gás HHO mencionado acima tem muitos outros nomes, como Oxy-Hydrogen, hydroxy (abreviação de hydroxygen) ou di-hydroxy, Brown's Gas, green gas, waterfuel, etc. É muito diferente do hidrogênio puro. O HHO tem grandes vantagens sobre o hidrogênio puro – e é o único desses dois que se qualifica para "energia livre" – mas vamos dar uma olhada nas duas opções:

Em junho de 2005, um recorde mundial de MPG foi alcançado por estudantes da Escola Politécnica Federal de Zurique, Suíça – usando hidrogênio – para um impressionante 12.665 MPG Isso não é um erro de digitação, eles rodaram um carro de teste por 13 milhas com 1,02 gramas de hidrogênio.

O mundo agora sabe que o hidrogênio é poderoso, e todo mundo está falando sobre isso. Infelizmente, os carros movidos a hidrogênio e híbridos ainda não amadureceram. Seu desempenho MPG não é tão bom quanto o esperado. E ainda pior, tanques de pressão de hidrogênio em carros e postos de combustível são um grande risco de segurança – o hidrogênio é muito explosivo. Fica ainda pior quando você ouve falar das fábricas de Hidrogênio – elas poluem tanto o meio ambiente, que a aparente vantagem ecológica dos carros "limpos" é imediatamente exposta como uma mentira.

A solução são os sistemas Hydrogen-On-Demand. São sistemas ou dispositivos como o HHO que oferecem a solução mais segura e econômica. Produzimos Hidrogênio quando precisamos, em vez de produzi-lo em uma fábrica cara e poluente, entregando-o em caminhões enormes e armazenando-o de forma insegura em tanques de gás sobre pressão.

O hidrogênio sob demanda é muito melhor para o meio ambiente. É muito mais seguro para o motorista e passageiros. Não quero minha família sentada em cima de uma potencial bomba super explosiva a caminho de um shopping ou de uma festa de aniversário!

A mudança é inevitável
Não é exagero considerar a água como um elemento crucial no cenário futuro de combustíveis. No entanto, é importante entender que a água, por si só, não é um combustível direto. O que muitas vezes é

discutido é o uso do hidrogênio, obtido a partir da água, como uma forma de combustível.

Aqui estão alguns pontos relevantes:

Hidrogênio como Combustível: O hidrogênio é frequentemente considerado como o "combustível do futuro". Ele pode ser produzido através da eletrólise da água, sendo uma fonte potencialmente limpa de energia.

Desafios Técnicos: Apesar do potencial, existem desafios técnicos significativos. A produção eficiente de hidrogênio requer energia, e a forma como essa energia é obtida impacta a sustentabilidade. Além disso, o armazenamento seguro e eficiente do hidrogênio é um desafio em aberto.

Aplicações Diversificadas: O hidrogênio pode ser utilizado em uma variedade de aplicações, desde veículos até sistemas de energia estacionários. Ele oferece a vantagem de não emitir poluentes diretos durante a utilização, apenas liberando água como subproduto.

Transição Gradual: A transição para uma economia baseada em hidrogênio será um processo gradual. Outras formas de energia, como eletricidade renovável, também desempenharão papéis essenciais na matriz energética futura.

Pesquisas em Andamento: A pesquisa continua para superar os desafios existentes. Inovações em tecnologias de eletrólise, armazenamento de hidrogênio e infraestrutura de distribuição são áreas ativas de investigação.

A produção de gás HHO não é uma nova tecnologia. Está aqui há muitos anos. Mas no passado era fácil para as empresas de petróleo suprimirem essa tecnologia. Isso porque os inventores estavam isolados e vulneráveis. Eles podem ser subornados, ameaçados ou até mortos. Eles se tornaram um alvo!

Hoje, por outro lado, temos linhas de comunicação muito rápidas, como e-mail, celular e internet. Invenções de desenvolvedores que também gostam de compartilhar seus conhecimentos em vez de fazer sigilo. O troca-troca de informações é a ordem do dia.

Pode-se afirmar em linhas gerais que a água é o combustível do futuro. Mas não queremos dizer que vai haver uma grande revolução neste sentido. Levamos isso pouco a pouco para que as pessoas tenham tempo suficiente para absorver os novos fatos da vida e a ciência por trás dessa tecnologia, e para que as empresas tenham tempo suficiente para se reorganizar em torno desse mercado em mudança. A energia gratuita não significa que indústrias inteiras tenham que fechar. Eles terão muito mais a fazer agora: novos modelos de carros, novas usinas de energia, novas casas e eletrodomésticos (para nos aquecer e operar as linhas de energia da casa usando água) e assim por diante.

Uma revolução silenciosa já está acontecendo, onde todos acabarão ganhando porque salvaremos o planeta da destruição e do esgotamento de energia. Salve as árvores, os oceanos e sobretudo a atmosfera. E há muito dinheiro a ser ganho, tanto para os pequenos como para os grandes negócios.

CAPÍTULO 4
Produção On-Board de Hidrogênio

Generalidades

Atualmente encontramos centenas de projetos para construção de conversores de hidrogênio a venda em sites como o E-bay, Mercado Livre, entre outros. Esses tipos de anúncios prometem grande desempenho e economia de combustível. Entretanto alguns anúncios alertam seus compradores com notas de aviso, tais como:

1 - Este produto, kit gerador de HHO (Hidrogênio+ Oxigênio) veicular garante a produção do gás HHO, de maneira controlada de 0 (zero) até 800 ml/minuto.

2 - O KIT garante a limpeza interna do motor do veículo (descarbonização), ganho de desempenho, eliminação de poluentes, prolongamento da vida útil de velas e do óleo do motor.

3 - Apesar de vários casos de sucesso, o Kit NÃO garante a economia de combustível nos veículos seja álcool, gasolina, GNV, ou Diesel, pois este

resultado depende de diversas variáveis existentes em cada veículo, maneira de conduzir o veículo, qualidade de combustível, fatores que tornam incerta a previsão de economia.

O que é justo, mas a devolução somente é feita se o kit tiver defeitos de fabricação, caso contrário o comprador é obrigado a ficar com o produto adquirido.

É recomendado construir um conversor de hidrogênio em casa?

Embora a ideia de criar um sistema de propulsão alternativo para veículos seja atraente, especialmente por questões econômicas e ambientais, a construção de um conversor de hidrogênio em casa apresenta diversos riscos e desafios:

Segurança: O hidrogênio é um gás altamente inflamável e explosivo. A manipulação inadequada pode causar acidentes graves, como explosões.

Eficiência: A construção de um sistema eficiente e seguro requer conhecimento técnico especializado e equipamentos específicos, que dificilmente estão disponíveis para um indivíduo comum.

Legalidade: A modificação de um veículo de forma que altere suas características originais pode ser ilegal em muitos países e anular a garantia do veículo.

Desempenho: Sistemas caseiros geralmente não oferecem o mesmo desempenho e durabilidade de sistemas comerciais, o que pode levar a problemas de funcionamento e segurança.

Por que os sistemas comerciais são mais seguros e eficientes?

Materiais de alta qualidade: As empresas utilizam materiais de alta qualidade e resistentes à corrosão, garantindo a segurança e a durabilidade do sistema.

Controle preciso: Os sistemas comerciais possuem controles eletrônicos precisos que monitoram e ajustam continuamente as condições de operação, evitando problemas de segurança.

Testes rigorosos: Os sistemas comerciais passam por rigorosos testes de segurança e desempenho antes de serem comercializados.

Alternativas mais seguras e eficientes:

Se você está interessado em reduzir o consumo de combustível e diminuir o impacto ambiental, existem alternativas mais seguras e eficientes, como: Veículos híbridos ou elétricos: Esses veículos combinam um motor a combustão interna com um motor elétrico ou utilizam apenas energia elétrica, respectivamente.

Combustíveis renováveis: O uso de biocombustíveis, como o etanol, pode reduzir as emissões de gases poluentes.

Manutenção adequada do veículo: Uma manutenção regular do veículo, com troca de óleo e filtros, pode aumentar a eficiência do motor e reduzir o consumo de combustível.

Construir um conversor de hidrogênio em casa é uma prática arriscada e não recomendada. É importante buscar soluções seguras e eficientes que já estão disponíveis no mercado.

Lembre-se: A segurança deve sempre ser a prioridade ao realizar qualquer tipo de modificação em um veículo.

Uma aplicação curiosa do hidrogênio
Água Hidrogenada - Uma Tendência com Promessas de Saúde
A água hidrogenada, como o próprio nome sugere, é água enriquecida com moléculas de hidrogênio molecular (H_2). Essa molécula, quando dissolvida na água, atua como um poderoso antioxidante,

combatendo os radicais livres presentes no organismo.

O que são radicais livres?

Radicais livres são moléculas instáveis que danificam as células do corpo, acelerando o processo de envelhecimento e contribuindo para o desenvolvimento de diversas doenças, como o câncer, doenças cardíacas e doenças neurodegenerativas.

Benefícios da Água Hidrogenada para a Saúde

Os benefícios da água hidrogenada são atribuídos à sua capacidade de neutralizar os radicais livres e reduzir o estresse oxidativo no organismo. Alguns dos benefícios mais estudados incluem:

- **Ação antioxidante:** O hidrogênio molecular neutraliza os radicais livres, protegendo as células do dano oxidativo.
- **Melhora na hidratação:** A água hidrogenada é mais facilmente absorvida pelas células, promovendo uma hidratação mais eficiente.

- **Redução da fadiga:** Alguns estudos sugerem que a água hidrogenada pode ajudar a reduzir a fadiga muscular e melhorar o desempenho físico.
- **Efeito anti-inflamatório:** O hidrogênio molecular pode ajudar a reduzir a inflamação no corpo, associada a diversas doenças crônicas.
- **Proteção cerebral:** Estudos em animais sugerem que o hidrogênio molecular pode proteger o cérebro contra danos causados por isquemia e outras doenças neurodegenerativas.

Como a água fica hidrogenada?

Existem diversas tecnologias para enriquecer a água com hidrogênio, como:

- **Eletrólise:** Um processo que utiliza eletricidade para separar a água em hidrogênio e oxigênio.

- **Adição de hidrogênio molecular:** O hidrogênio molecular é adicionado diretamente à água.
- **Células de combustível:** Uma célula de combustível produz eletricidade e hidrogênio, que pode ser adicionado à água.

Onde encontrar água hidrogenada?

A água hidrogenada pode ser encontrada em:

- **Equipamentos domésticos:** Existem diversos equipamentos para produzir água hidrogenada em casa, como garrafas e filtros.
- **Água engarrafada:** Algumas marcas já oferecem água hidrogenada engarrafada.
- **Fontes naturais:** Algumas fontes de água naturais são naturalmente ricas em hidrogênio.

É seguro consumir água hidrogenada?

Até o momento, não há evidências científicas de que o consumo de água hidrogenada cause efeitos colaterais negativos. No entanto, é importante ressaltar que a maioria dos estudos sobre os benefícios da água hidrogenada foram realizados em animais e em pequena escala.

Importante: É fundamental consultar um médico antes de iniciar o consumo regular de água hidrogenada, especialmente se você tiver alguma condição médica pré-existente.

Atenção: a água hidrogenada apresenta um grande potencial para a promoção da saúde e bem-estar. No entanto, são necessárias mais pesquisas para confirmar todos os seus benefícios e esclarecer todas as suas aplicações.

Conclusão

Ao longo deste livro, exploramos a fascinante possibilidade de utilizar o hidrogênio como combustível para motores automotivos, uma solução que se destaca pela sua sustentabilidade e potencial para transformar o setor de transporte. Desde os fundamentos do hidrogênio como fonte de energia até o desafio da sua implantação nos motores automotivos.

Os motores movidos a hidrogênio não representam apenas uma alternativa promissora ao uso de combustíveis fósseis, mas também um marco no desenvolvimento de uma sociedade mais limpa e responsável. Embora existam obstáculos para serem superados, como os custos de produção, armazenamento e distribuição, o uso dos carros com hidrogênio tem avançado ao longo dos anos.

A transição para tecnologias mais sustentáveis depende de ações conjuntas entre governos, empresas, engenheiros e a sociedade em geral. É necessário um esforço global para consolidar esta tecnologia.

Com este trabalho, espero ter contribuído para levar ao leitor conhecimentos sobre esta tecnologia e inspirar pessoas para pesquisar novos avanços no campo dos motores automotivos utilizando o hidrogênio. Que este livro sirva como um guia para profissionais, estudantes e entusiastas que buscam compreender e participar dessa revolução tecnológica. Afinal, o futuro da mobilidade sustentável está ao alcance de nossas mãos, e o hidrogênio pode ser a chave para abrir as portas para um mundo com uso de energias mais limpas e eficiente e com menos emissão de carbono.

Marcos Silva

Bibliografia:

www.water4gas.com

www.answers.com

https://www.automotive-engineers.com/

www.watercar.com

https://en.wikipedia.org/wiki/Hydrogen

https://hydrogenfuelcell.net/

www.ingramcontent.com/pod-product-compliance
Lightning Source LLC
Chambersburg PA
CBHW070147230526
45471CB00002B/552